小小牛顿 科学启蒙 —大百科—

我会盖房子

牛顿出版股份有限公司 / 编著

外语教学与研究出版社
北京

我会盖房子

光光、小莉，爸爸要画房子的设计图，你们自己玩。

小莉，你看，我用积木盖了一座城堡。

哥哥，我要用纸箱盖房子！

这是我的纸箱房子，我和兔宝宝、小熊住在这里。

哎呀！旺旺，你把我的积木城堡弄倒了！

哥哥，你再盖一间房子给咪咪住，好不好？

不，我想盖一间更大的房子。

我想到了，就用绳子、报纸和广告纸来盖房子！哎哟！旺旺、咪咪，不要玩绳子了！

哥哥，你盖好新房子了吗？

小莉，看，这是我的纸房子。

房子的设计构想：四周要筑起围墙，起到保护作用

光光真能干，
都能自己盖房子了。

爸爸，快进来玩。

好呀！可是，门在哪里呢？

啊，我忘了做前门和后门！
马上就做。

房子的设计构想：需要有供人进出的门

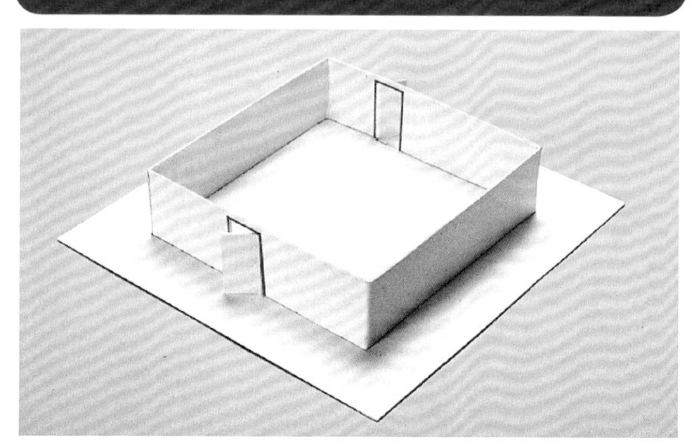

小莉，你在这儿玩
过家家，我的挖掘
机就开不过去了。

你们想，如果大家都在同一个房间里做事，会怎么样？

嗯……那一定很不方便。

所以，房子需要隔出一个个小房间。

我们家有客厅、厨房、厕所、爸爸妈妈的房间、小莉和我的房间。

隔好房间以后，别忘了开窗户哦！

小莉，你的窗户开错地方了！

房子的设计构想：需要隔出不同的小房间

现在，我们来布置房间吧！

咪咪快出来，这可是我的厨房呀！

你们布置得很好！不过，
这房子好像还少了什么。

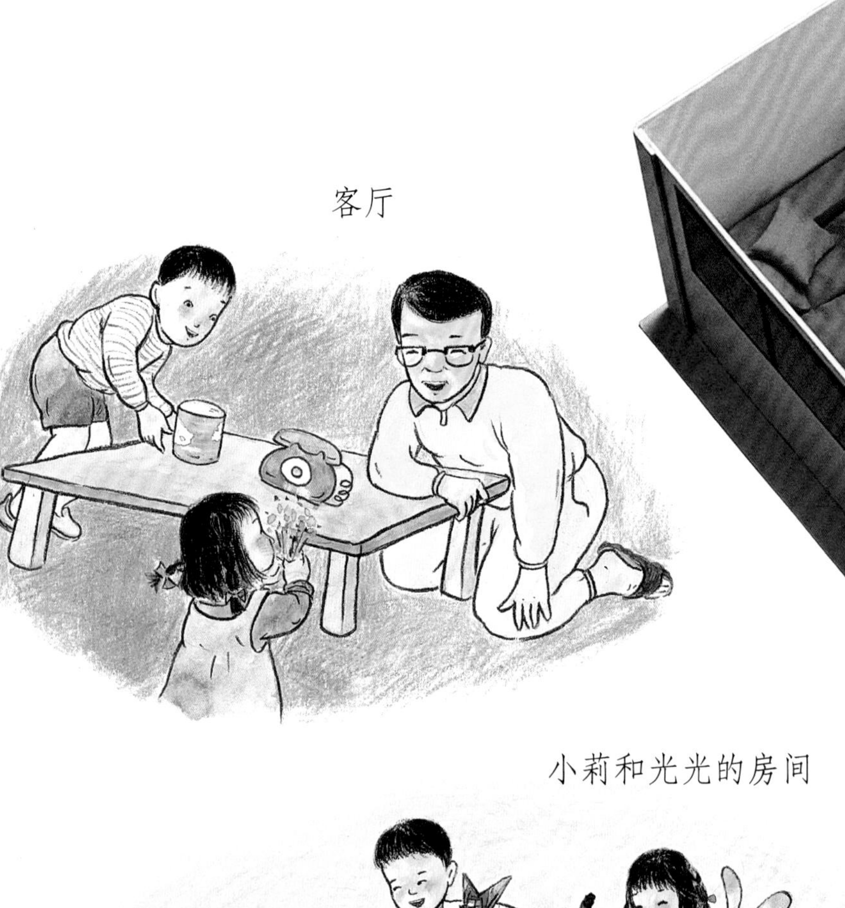

厨房
爸爸妈妈的房间
厕所

少了什么呢？

想想看，如果下雨的话……

我知道了，少了屋顶！我们去拿床单当屋顶。

哈哈！用床单当屋顶把房子盖起来，我们就可以在里面玩捉迷藏了。

房子的设计构想：需要能够遮风挡雨的屋顶

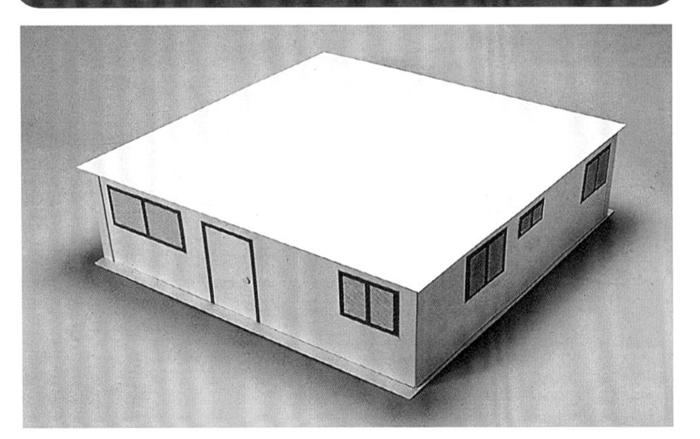

盖一栋房子可真不简单！

当然！而且真正盖房子的时候，还有许多其他问题需要协调处理。

还会有什么问题呢？

如工程车在施工过程中会扬起灰尘，还会产生噪声污染。工人搬运和搭建钢筋时也要小心，避免高空坠物伤人，等等。

盖房子时要注意的事情真多呀！

盖房子时会产生的污染和危险　1. 施工过程中会扬起灰尘。

2. 产生噪声。

3. 钢筋和脚手架有可能松动或掉落，发生意外。

这是什么东西？

妈妈，这是我们盖的大房子！

妈妈，欢迎参观。

来，我们和房子拍张合照吧，这可是光光和小莉盖的第一栋大房子！

哈哈！我们会盖房子了！

给父母的悄悄话：

这个故事以亲子游戏的方式，呈现了房子的基本构成及居住规范。父母可以和孩子玩盖房子的游戏，相信孩子会觉得十分有趣。需要注意的是，游戏中要让孩子做主导者，父母扮演创意的激发者和引导者即可。

我爱说说唱唱
小蜘蛛盖新房

小蜘蛛，盖新房，

没屋顶，没走廊，

也没门窗，也没墙，

只有一片蜘蛛网，

却叫大家常拜访。

给父母的悄悄话：

这是一首轻快、活泼的三拍子歌曲，父母可以和孩子高声合唱，或一人唱一句，边唱边和着节奏打拍子，达到亲子同乐的效果。

我爱做实验 荡秋千比赛

邦邦和小雨一起荡秋千，请你猜猜看，谁荡得比较快呢？

我比你重，荡得一定比较快！

我比你轻，当然我荡得比较快！

到底谁荡得比较快？我们来做个实验就知道了！

大的电池重，代表邦邦。

小的电池轻，代表小雨。

材料：

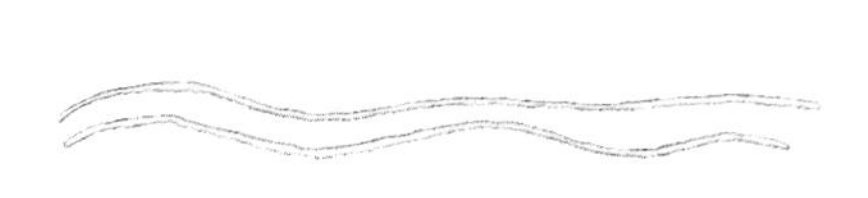

细线

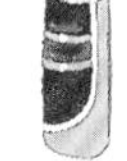

电池

胶带

做法：

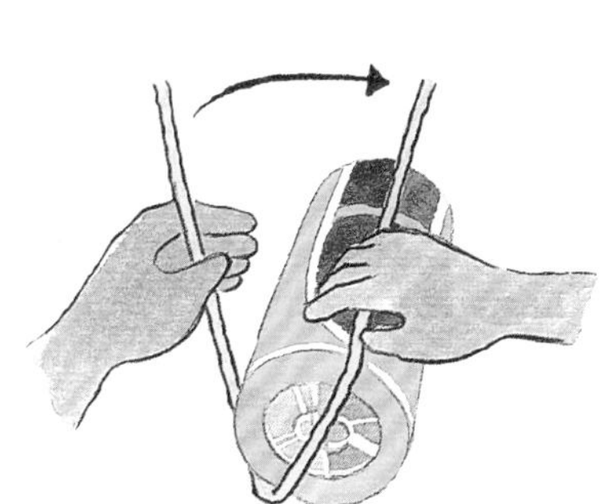

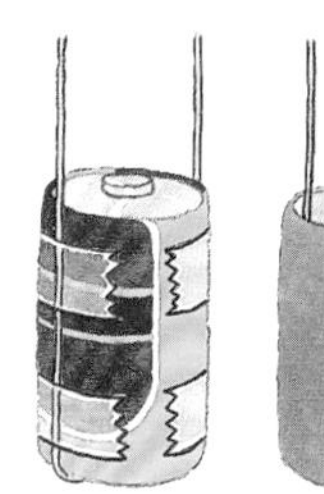

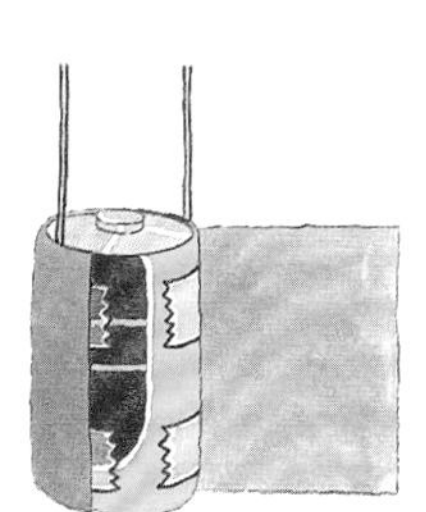

记得绑好的秋千，长度要一样长。

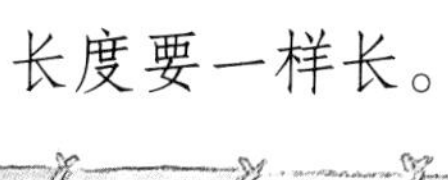

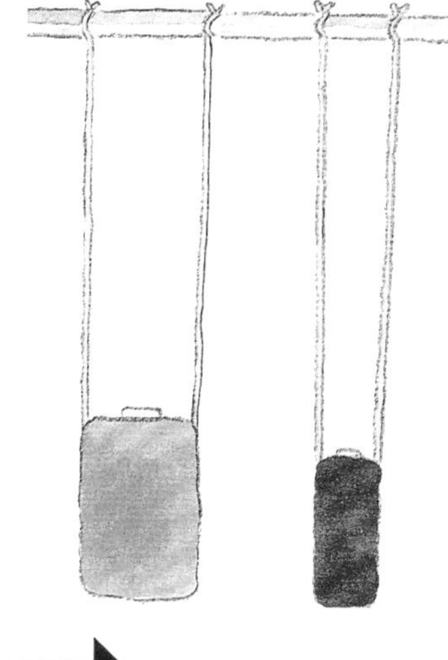

用同样的力度同时摆动两个电池，比比看，哪个电池荡得比较快？

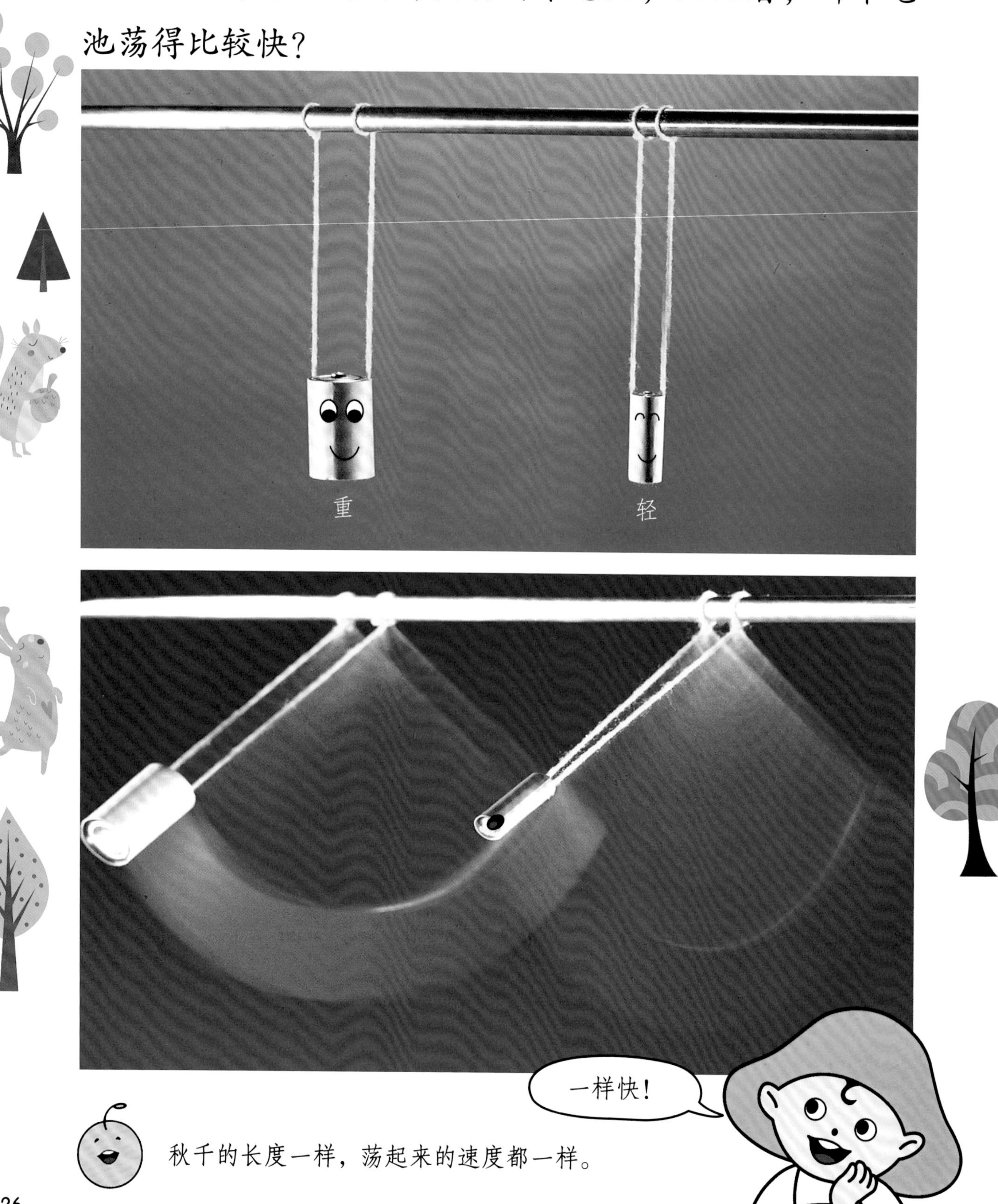

秋千的长度一样，荡起来的速度都一样。

试着改变秋千的长度，看看荡起来的速度有什么变化？

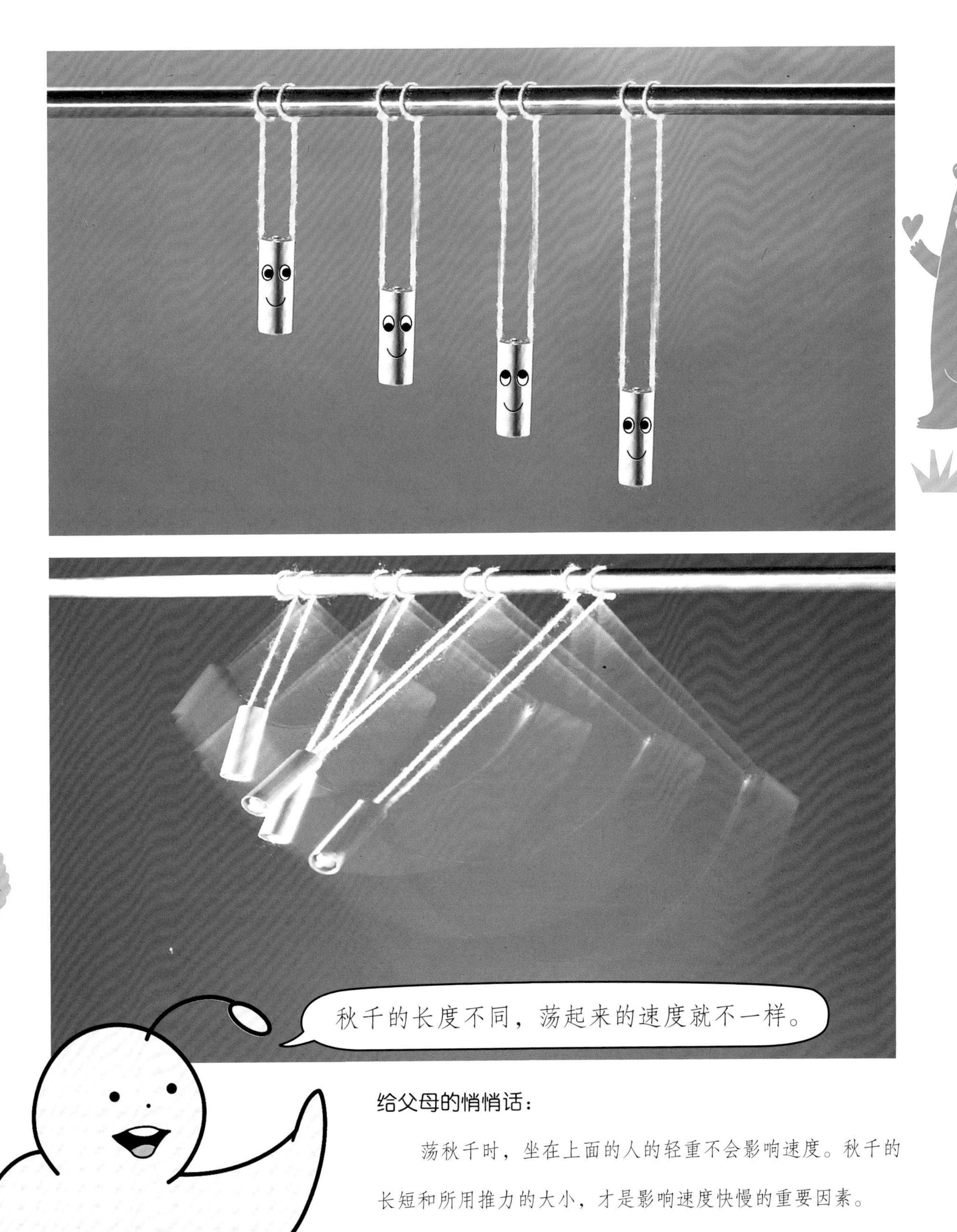

给父母的悄悄话：

荡秋千时，坐在上面的人的轻重不会影响速度。秋千的长短和所用推力的大小，才是影响速度快慢的重要因素。

小熊和小猴子到游乐园玩，它们各有十张游戏点券，怎么分配最好呢？

- 小朋友，请你认真看看游乐园的地图，想一想，你最想玩哪些游乐项目？剪下游戏点券，试试看怎样分配点券最合理？

•游戏点券•
1点

•游戏点券•
1点

•游戏点券•
1点

•游戏点券•
1点

•游戏点券•
1点

•游戏点券•
1点

•游戏点券•
1点

•游戏点券•
1点

•游戏点券•
1点

•游戏点券•
1点

*请在父母指导下使用剪刀，注意安全。

游戏点券 1点
游戏点券 1点
游戏点券 1点
游戏点券 1点
小熊，
快来玩呀！
游戏点券 1点
游戏点券 1点
游戏点券 1点

小猴子玩了猫巴士，又玩转转杯，还想玩水果摩天轮，可是这时它发现游戏点券已经不够用了，怎么办呢？

游戏点券
1点
游戏点券
1点
游戏点券
1点
游戏点券
1点
游戏点券
1点
游戏点券
1点

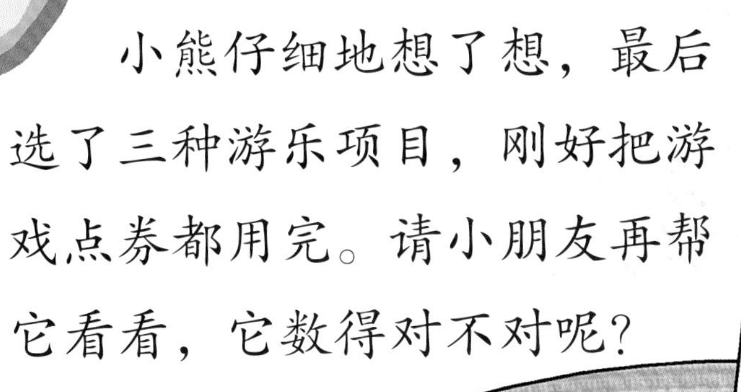

小熊仔细地想了想，最后选了三种游乐项目，刚好把游戏点券都用完。请小朋友再帮它看看，它数得对不对呢？

我只剩三张游戏点券，没办法玩水果摩天轮了，怎么办？

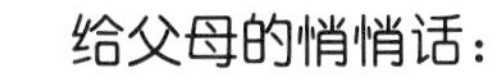

给父母的悄悄话：

孩子的思考方式往往是单一的，无法从各个角度全面考虑问题，也因此容易冲动行事，顾前不顾后。要让他“三思而后行”，先想好再做，确实不容易。父母可以在日常生活中慢慢引导孩子学习安排、计划事情，如分配物品、安排作息时间、计划旅行等，让孩子学会想好了再行动。

迷路的小水鸭

一只小水鸭刚刚从睡梦中醒来，它睁开眼睛一看：“哇！这是什么地方呀？”

小水鸭想起昨天晚上跟着爸爸妈妈出来找东西吃，可是遇到一场暴风雨，它在躲雨时和大家走散了。

“喂，你是从哪儿来的？”

小水鸭抬头一看，是一只又高又瘦的大鸟。

大鸟见它不说话，就先自我介绍道：“我是小白鹭。”

“我是小水鸭，我……我迷路了！请问你知不知道我的爸爸妈妈在哪里？”

小白鹭看了看它：“我好像在哪里见过它们！我带你去找找看！”

“叽叽叽——叽叽叽——”

小水鸭听见远处传来一阵奇怪的叫声。

小白鹭大叫：“竹鸡，快出来，你的表弟来找你啦！”

竹鸡一摇一摆地从草丛中走出来，它看看小水鸭，皱着眉头说：“它不是我表弟，它是鸭子。你怎么连鸡和鸭都分不清楚呢？”

小水鸭一听非常失望，禁不住难过地哭了起来：“怎么办？我好想爸爸妈妈呀！”

小白鹭安慰它说：“不要哭，我再想办法帮你找。”

竹鸡灵机一动，说：“有了，我们去问问绿头鸭！它们可能知道……”

竹鸡的话还没说完，小水鸭便迫不及待地问：“绿头鸭在哪里呢？”

就在这时，天空中出现了一只很大的鸟，小白鹭惊叫起来：“你们看——鹰来了！”

鹰一出现，小白鹭、竹鸡都吓得拔腿就跑，它们都怕鹰。

小水鸭并不知道发生了什么事，它也跟着大家一起跑。“你们等等我啊！别丢下我……”它惊慌地喊。

可是，小白鹭、竹鸡一眨眼就不见了，小水鸭更不知道该去哪里找爸爸妈妈了。

小水鸭伤心地跑着，心里很害怕。这时候，飞来了一只白头翁，它问小水鸭：“你是小水鸭吗？听说你在找爸爸妈妈，对吗？”

小水鸭听了高兴地说：“是呀！你知道它们在哪里吗？快告诉我！”

白头翁说：“我刚才路过一处沼泽，那里有许多小水鸭正着急地寻找一只迷路的小水鸭呢。”

小水鸭眨了眨大眼睛说：“啊——我就是那只迷路的小水鸭，它们在哪里？求求你，快带我去找它们！”

白头翁带小水鸭回到了沼泽附近。历经千辛万苦，小水鸭终于看到了妈妈。它立刻高兴地冲到妈妈怀里喊：“妈妈，我总算找到你们了。”

小水鸭的妈妈说：“小宝贝，还好你没出意外！白头翁，谢谢你。”

小水鸭又抢着说：“也要谢谢脚很长的小白鹭，长得很像鸭子的竹鸡，它们都想帮我找到你们！”

小水鸭的爸爸说：“没错，非常感谢大家，多亏这些好邻居帮忙，我们的小宝贝才能平安回家。”

为什么海边能捡到贝壳

贝壳是软体动物的外壳，可保护软体动物的身体。软体动物具有一种特殊的腺细胞，能形成一种分泌物。这种分泌物能形成一种钙化物，就是贝壳。

贝壳会随着软体动物的长大而长大。

当拥有外壳的软体动物死了以后，剩下来的空贝壳，常被海浪冲到岸边，就成了我们在海滩上看到的贝壳。

尺蠖的伪装术

尺蠖（chǐ huò）是一种毛毛虫。它爬行的姿势很特别，会利用胸部前端的三对脚和尾部后方的两对伪足，拱起身体一伸一缩地前进。这种爬行姿势很像我们利用拇指和食指一伸一缩，张开手量长度的样子。

尺蠖是伪装高手。它常常将尾部固定在树叶或树枝上，身体向前挺直，看起来就像分杈的小树枝，可以欺骗敌人，降低自己被攻击的风险。